FRANÇOIS ARAGO

Paris. — Typ. de Cusset rue Git-le-Cœur, 1.

FRANÇOIS ARAGO

LES CONTEMPORAINS

FRANÇOIS ARAGO

PAR

EUGÈNE DE MIRECOURT

PARIS
GUSTAVE HAVARD, ÉDITEUR
19, BOULEVARD DE SÉBASTOPOL
rive gauche
L'Auteur et l'Éditeur se réservent tous droits de reproduction.
1859

DEUX MOTS AU PRINCE DES CRITIQUES.

Décidément, Janin, vous devenez incorrigible.

A qui en avez-vous, grand Dieu ! pourquoi toutes ces déclamations poussives, chargées d'épithètes grossières et d'ignobles insultes contre les *biographes?*

La rancune vous étouffe, pauvre ami ! le fiel vous monte à la gorge ; vous avez un catarrhe de haine, et vraiment les *Débats* ont le plus grand tort de vous laisser expectorer de semblables périodes.

On ne salit pas de la sorte le rez-de-chaussée d'un journal.

Vous écrivez d'une façon malhonnête, Janin ; votre style n'a pas d'éducation. Chacune de vos phrases est une vilaine petite fille qui se fourre les doigts dans le nez et se mouche sur la manche, sans compter le reste.

Fi ! osez-vous bien avouer ces enfants malpropres ! Nous plaignons sincèrement le malheureux journal obligé de les prendre en sevrage.

Mais tâchons d'éclairer un peu votre

intelligence rétive et de glisser un rayon sous le sombre nuage de colère qui vous aveugle.

Que nous reprochez-vous? Votre biographie.

Cette biographie a été écrite en toute vérité, avec une plume loyale, que personne au monde ne se flatte, Dieu merci, de faire dévier de la ligne droite.

Nous avons dit que vous étiez un critique sans bonne foi, un saltimbanque littéraire; que vous dansiez éternellement sur la corde du caprice, sans tenir en main le balancier de la raison. Nous vous avons démontré que vous êtes jaloux de toutes les gloires, que l'éclat du génie offusque vos prunelles; nous avons soutenu, et nous soutiendrons sans cesse, que, depuis trente ans, vous faites le métier d'insulteur derrière le char de triomphe qui passe.

Or, que pouvions-nous dire autre chose, à moins d'en imposer effrontément à nos lecteurs?

Écrivons-nous, oui ou non, l'histoire contemporaine? est-ce notre droit de l'écrire? Fallait-il encourager vos écarts, louer vos sauts périlleux, nous émerveiller devant chacune de vos contradictions, applaudir vos impertinents mensonges? Devions-nous, envers et contre tous, affirmer que vous êtes l'écrivain le plus consciencieux de notre siècle?

Ah! Janin, cela nous était vraiment impossible, à moins de faire éclater de rire la France entière.

Des milliers d'auteurs dramatiques eussent crié au scandale.

Il n'en est pas un seul, ô vieux loup du feuilleton, qui n'ait été mordu par toi! Tu tiens encore dans ta gueule, et l'on trouve attachés à tes crocs les lambeaux de leur renommée saignante.

Et ces malheureux comédiens que vous avez égorgés dans votre abattoir hebdomadaire, ô critique ! et ces jeunes talents dont vous avez tari la sève, et toutes ces victimes de votre phraséologie haineuse et brutale, pouvions-nous les laisser sans vengeance?

Non, Janin.

Plus vous nous accablerez de sottises, plus vous ramasserez d'épithètes outrageantes pour les jeter sur nous, plus vous achèverez de nous convaincre et de convaincre le public que l'offense, dans votre bouche, est un éloge.

Croyez-vous avoir sali Balzac, le jour où vous prononciez, au sujet de ses œuvres, des mots analogues à ceux-ci:

AU PRINCE DES CRITIQUES.

« *Quel entassement d'ordures!.....* *Mettons, puisqu'il le faut, des bottes de cureur d'égout, et descendons dans cette fange.* »

Ah! Janin, malheureux Zoïle, vous n'avez sali que vous-même!

EUGÈNE DE MIRECOURT.

FRANÇOIS ARAGO

Le bourg d'Estagel, dans les Pyrénées-Orientales, revendique l'honneur d'avoir abrité le berceau du plus illustre de nos savants modernes.

François-Dominique Arago vint au monde le 26 février 1786.

Il était l'aîné d'une famille nombreuse,

dont il se montra le constant protecteur.

Certains biographes aiment le merveilleux. On a prétendu que François, à l'âge de quatorze ans, n'avait pas encore ouvert sa croix de par Dieu, et que, trois ans plus tard, il entrait à l'École polytechnique, le premier de sa promotion.

Ceci tiendrait un peu trop du miracle.

Le père de François, ancien avocat, connaissait tous les dangers de l'ignorance. Il envoya de très-bonne heure son fils à l'école primaire, et lui fit donner quelques leçons de dessin et de musique au logis paternel.

A cette époque, nos provinces méridionales étaient infestées de bandes espagnoles. La Convention envoyait ses troupes contre l'ennemi.

François admira les beaux officiers qui logeaient chez son père.

Il écouta leurs discours patriotiques et devint un petit républicain fort chaleureux, tout disposé à manier le sabre et à combattre pour la défense du territoire.

Pendant la nuit, il se levait et se glissait en tapinois dans la chambre des militaires, profitant de leur sommeil, essayant l'uniforme, s'admirant sous l'épaulette, regagnant ensuite son lit et massacrant dans ses rêves des bataillons entiers de l'armée d'Espagne.

Très-souvent la mère d'Arago fit courir après ce patriote en bas âge, qui s'était échappé pour suivre un régiment.

On rattrapait François à quatre ou cinq lieues de la commune.

Mêlé aux soldats, il agitait l'espadon d'un air héroïque, marchait au son du tambour, et portait triomphalement le sac et la giberne d'un fantassin.

L'enfant ne dormait plus.

Sa famille était obligée de le surveiller sans cesse pour mettre obstacle à ses fantaisies guerrières.

Il s'échappa néanmoins, un matin, au point du jour, et courut sur la place d'Estagel, afin d'y guetter ses chers soldats.

On était à la veille de la bataille de Peyres-Tortes.

Beaucoup des hameaux avoisinants se

trouvaient au pouvoir de l'ennemi, et François jeta tout à coup une exclamation de surprise et de colère, en voyant débusquer, de l'une des rues adjacentes, un piquet de sept à huit cavaliers espagnols.

Égarés dans une reconnaissance nocturne, ceux-ci traversaient avec assez de crainte un village qui leur était inconnu.

Notre petit héros se hâte de rentrer à la maison, s'empare d'une hallebarde rouillée, se précipite de nouveau sur la place, court sus à l'ennemi en poussant des hourras, et blesse à la cuisse le brigadier du détachement.

Celui-ci, furieux, l'ajuste avec sa carabine.

Le pauvre enfant allait payer cher son

courage, quand une troupe de villageois arrive, en brandissant des pieux et des fourches. On entoure les Espagnols. Ils demandent grâce et se rendent prisonniers.

François Arago avait sept ans, lorsqu'il exécuta ce haut fait d'armes.

Son père, ayant obtenu l'emploi de payeur à l'hôtel des Monnaies de Perpignan, quitta le hameau d'Estagel, et vint habiter avec toute sa famille le chef-lieu des Pyrénées-Orientales.

Il fit entrer son fils au collége, et celui-ci ne se leva du banc des humanités que huit ans plus tard, pour aller à la Faculté de Montpellier commencer la série des fortes études.

Virgile, avec ses Églogues et sa poésie

tendre, n'avait pu amollir cette nature belliqueuse.

Arago tenait toujours à sabrer les ennemis de la France. L'épaulette continuait de rayonner à ses yeux dans un horizon de gloire.

Se promenant, un jour, sur les fortifications, il aperçoit un très-jeune officier d'artillerie, en train de lever des plans.

Cet officier semblait chargé de la direction des travaux.

Le regard de François étincelle, sa poitrine bat avec force; il s'approche et demande au jeune militaire comment il a pu, à son âge, conquérir un tel grade.

— En me faisant admettre à l'École polytechnique, répond celui-ci. Passez vos examens, soyez reçu ; dans trois ans vous aurez mon uniforme.

— Quel est le programme de ces examens?

— Vous pouvez le réclamer à la préfecture de Perpignan.

François ne perd pas une heure. Il se fait renseigner le jour même, afin de remplir toutes les conditions exigées; puis il se livre à l'étude des mathématiques avec un courage extrême. Bientôt il devine qu'un vieil abbé, son professeur, est loin d'être de première force. Alors il étudie seul et s'enfonce résolûment dans les traités de Legendre, de Garnier et de Lacroix.

Nous le laisserons ici parler lui-même.

« Je trouvai, dit-il, mon véritable maître

dans une couverture du traité d'algèbre de
M. Garnier. Cette couverture se composait
d'une feuille imprimée, sur laquelle était
collé extérieurement du papier bleu ; j'en-
levai ce papier avec soin, après l'avoir hu-
mecté, et je pus lire dessous ce conseil
donné par d'Alembert à un jeune homme
qui lui faisait part des difficultés qu'il ren-
contrait dans ses études :

« *Allez, monsieur, allez, et la foi vous viendra!*

« Ce fut pour moi un trait de lumière.
Au lieu de m'obstiner à comprendre du premier coup les propositions qui se présen-
taient, j'admettais provisoirement leur vérité,
je passais outre, et j'étais tout surpris, le
lendemain, de comprendre parfaitement ce
qui, la veille, me paraissait entouré d'épais
nuages [1]. »

Après dix-huit mois de travail constant

---

[1] *Ma Jeunesse,* extrait des œuvres complètes de
F. Arago (Gide et Baudry, éditeurs). Nous donne-
rons plus loin quelques autres citations, tirées du
même livre.

et d'infatigable persévérance, notre héros était en mesure de satisfaire au programme. Il n'avait pas encore dix-sept ans, et l'École polytechnique allait lui ouvrir ses portes.

Mais il comptait sans son hôte, c'est-à-dire sans le professeur chargé cette année-là des examens.

Celui-ci tomba subitement malade. Les candidats furent renvoyés à l'année suivante.

Arago résolut d'employer ce temps d'arrêt à faire des excursions dans la partie du domaine de la science où il n'avait point encore mis le pied, et dévora tous les ouvrages de hautes mathématiques. Ces nouvelles études devinrent presque un jeu pour sa puissante intelligence. Il voulait aborder les examinateurs avec autant de bagage scientifique qu'ils pouvaient en avoir personnellement, et, ce bagage, il le chercha comme eux dans tous les livres connus.

On le prévint qu'un officier d'artillerie devait savoir l'escrime et la danse; il passa, chaque matin, deux heures à faire des armes et à se dénouer le jarret.

Enfin le grand jour de l'épreuve arrive.

Arago prend avec un de ses amis de collége la voiture de Toulouse. Ils devaient être l'un et l'autre examinés par le frère du célèbre géomètre [1] que les Conventionnels avaient porté, en 1792, au ministère de la marine.

[1] Gaspard Monge.

Monge le jeune était d'une sévérité presque brutale.

Il intimida tellement le compagnon d'Arago, que le malheureux élève, déconcerté, tremblant, comprit à peine les questions, répondit mal ou ne répondit pas; il fut jugé indigne de l'admission.

Vint le tour de François.

— Jeune homme, lui dit l'examinateur, vous êtes probablement de la force de votre ami? Je vous conseille d'aller compléter vos études avant de risquer l'examen.

— Monsieur, répond Arago, mon ami est plus fort qu'il ne l'a fait voir. La timidité seule a gêné ses réponses.

— Bon! la timidité, dit Monge : excuse

des ignorants! Seriez-vous timide aussi, par hasard?

— En vérité, non.

— Prenez garde! il serait plus sage de vous épargner la honte d'un refus.

— « La honte pour moi, réplique fièrement le candidat, consisterait à n'être pas examiné [1]. »

Cette noble assurance coupa court aux observations légèrement déplacées de l'examinateur. Il s'émerveilla bientôt de la manière à la fois originale et précise avec laquelle Arago répondait à chacune de ses demandes.

Tous les problèmes posés par Monge furent résolus en un clin d'œil.

---

[1] Ces paroles sont textuelles. (Voir le livre intitulé *Ma Jeunesse*).

François donna les preuves d'une science si profonde et si solide, que le professeur, dépouillant tout à coup sa physionomie sévère, se leva de son fauteuil et sauta au cou du jeune homme, en s'écriant :

— Bravo ! Si vous n'êtes pas reçu le premier à l'École polytechnique, personne n'y entrera !

L'examen de Toulouse n'était qu'un examen préparatoire. A Paris, le fameux Legendre avait la mission d'interroger une seconde fois les élèves, et de prononcer sans appel sur les admissions ou les refus. Un mois après, notre jeune savant paraissait devant lui.

— Comment vous appelez-vous ? demanda Legendre.

— François-Dominique Arago.

— Arago?... Ce nom-là n'est pas français. Je refuse de vous admettre au concours. Retirez-vous.

Décidément il était écrit que les examinateurs seraient pour le jeune homme une pierre d'achoppement. On eût juré qu'ils se posaient en obstacle, comme à plaisir, au seuil de sa carrière.

Par bonheur François avait bonne tête et bonne langue.

Il lutta contre l'obstination de Legendre, qui persévérait dans son dire, et tous les deux se querellèrent plus de vingt minutes.

— Vous êtes étranger, c'est évident! criait le professeur.

— Permettez-moi de repousser l'assertion : je suis Français, tout ce qu'il y a de plus Français, répondait l'élève d'un ton ferme.

— Non !

— Si !

— Jamais enfant de la France ne s'est appelé Arago.

— Pardonnez-moi. Les preuves, du reste, viendront facilement après l'examen ; vous pouvez toujours m'interroger.

Vaincu par l'accent digne et par l'assurance de son interlocuteur, Legendre lui fit signe de passer au tableau.

Mais il lui gardait rancune, et, dans sa manière de poser les questions, on voyait clairement qu'il cherchait à embarrasser le jeune homme.

Arago se prit à sourire.

Sa vengeance consista sur l'heure à montrer qu'il était de force à rompre les plus difficiles entraves, et il résolut cinq problèmes par des formules algébriques inusitées.

— Pourquoi cette méthode plutôt qu'une autre? dit Legendre. Vous resteriez court si je vous sommais de donner l'explication de vos préférences.

— Non vraiment! répondit François.

Il développa sans plus de retard les motifs qui l'engageaient à choisir telle ou telle marche pour arriver aux solutions. Plus le professeur cherchait à l'entraîner dans les ténèbres ou à le faire trébucher contre l'incertitude, plus le jeune homme illuminait le débat des clartés de la science, plus il allait directement au but.

Subjugué comme l'avait été Monge, Legendre tendit les deux mains au brillant élève, qui devait être bientôt son confrère et son ami.

Nous nous permettrons, en passant, de donner à messieurs les examinateurs un léger coup de férule sur les ongles. Ils ont presque tous, ne leur en déplaise, les allures trop heurtées et trop pédantes. Rengorgés dans un triple collet de science et de morgue, ils épouvantent l'élève, que leur devoir est au contraire de rassurer par un accueil bienveillant, afin de lui laisser le calme et le sang-froid, sans lesquels il n'y a point d'examen possible.

On ne rencontre pas tous les jours des caractères énergiques, capables de livrer bataille et d'emporter d'assaut leur admission.

Tâchez, madame la Science, de ne plus froncer le sourcil comme une ogresse, et, pour Dieu, n'ayez point l'air de vouloir manger nos enfants tout crus !

Voilà donc François à l'École polytechnique.

Mais, s'il avait des notes excellentes pour le travail et l'étude, il en avait de détestables, au point de vue du républicanisme, dont il faisait hautement parade, et qui s'effaçait de plus en plus chaque jour des mœurs politiques.

Le sénat venait d'élever à l'empire Napoléon 1er.

Tous les élèves furent invités, le jour du couronnement, à signer une adresse qui congratulait le nouveau maître.

Arago brisa la plume qu'on lui tendait.

— Vous ne me forcerez jamais, dit-il, à signer l'arrêt de mort de la liberté !

On agita son renvoi de l'école; mais l'empereur, instruit du fait, s'y opposa formellement, et déclara même que cet autre Caton d'Utique devait partout et toujours compter sur la protection de César.

Pendant sa vie entière, François put impunément jouer un rôle de républicain farouche, grâce à la supériorité de talent qui le distinguait. Sous tous les régimes il conserva des places où personne n'était digne de le remplacer.

Napoléon n'avait qu'une parole. Il nomma François secrétaire de l'Observatoire, avant même que le jeune homme eût passé, à l'École polytechnique, ses derniers examens.

L'élève patriote ayant refusé cette faveur impériale, on l'appela aux Tuileries.

— Il paraît, monsieur, dit l'empereur, que vous persévérez dans votre rancune.

— Sire...

— Voyons, parlez ! Quelle raison me donnerez-vous de votre refus ?

— Depuis cinq ans, sire, je n'ai qu'un but, qu'une espérance : entrer dans l'artillerie.

— Vous consentiriez donc à vous battre sous mes drapeaux ?

— Ce sont les drapeaux de la France, sire.

— A la bonne heure. Votre premier devoir, comme soldat futur, est l'obéissance. Braquez le télescope sur les astres, nous verrons ensuite à vous permettre de braquer le canon sur l'ennemi.

François entra à l'Observatoire.

Six mois après, il reçut l'ordre de partir pour l'Espagne, en compagnie de MM. Biot et Rodriguez, afin d'y continuer les travaux commencés en 1770, et d'obtenir le diamètre de la terre par la mesure exacte de l'arc du méridien.

Il faudrait écrire ici une épopée complète pour raconter les malheurs sans nombre de François Arago dans cette expédition méridionale. Jamais Ulysse, cherchant Ithaque, n'essuya plus de traverses, ne courut plus de périls, ne fut exposé à plus de misères.

Arago les raconte dans celui de ses opuscules qui a pour titre : *Ma Jeunesse*. Comme il n'a eu d'autre but, en publiant ce livre, que celui de rectifier les erreurs ou de signaler les omissions de ses biographes, on comprendra que nous n'empruntions qu'à lui-même la substance de cette partie de son histoire.

A peine a-t-il établi son observatoire au *desierto de los Palamos*, qu'il lui arrive les aventures les plus étranges.

— Il faut prendre, de temps à autre, quelques distractions, lui dit un jour M. Biot[1]. Allons nous promener jusqu'à

---

[1] Les deux savants, postés à l'extrémité orientale de la chaîne montagneuse qui suit le cours de la rivière

la foire de Murviedro [1]. Les environs sont peuplés de ruines romaines et mauresques fort curieuses.

— Soit, je vous accompagne, dit François.

Sur le champ de foire, ils trouvent une compatriote qui leur fait joyeux accueil, parle avec eux de la France, et les invite le plus cordialement du monde à venir souper chez sa grand'mère.

Comment refuser une Française jeune et jolie, surtout lorsqu'on la rencontre en Espagne?

de Guadalaviar et s'arrête à la ville de Liria, dans le royaume de Valence, y avaient établi un grand triangle, destiné à lier une des Baléares à la côte d'Espagne. Ils se mettaient ainsi en communication de signaux avec leur collègue Rodriguez, qui avait choisi son poste dans l'île d'Iviça.

[1] Ville d'Espagne, située à quelques lieues de la mer, au nord-est de Valence.

Par malheur, le fiancé de la demoiselle, Catalan jaloux, assiste au festin. Nos deux collègues, lancés sur la voie de la galanterie, ne remarquent pas son œil plein de menace.

Grande est donc leur surprise, lorsque l'aimable hôtesse leur glisse à l'oreille, au moment du départ, ces mots terribles :

— Veillez sur vous! J'ai lu dans les yeux de Pedro qu'il va chercher à vous tuer.

Pedro était le futur de leur gentille compatriote.

— Diable! s'écrie François, voici qui est grave. Achetons des pistolets!

— A quoi bon? dit le muletier qui les a conduits à Murviedro, et qui attelle sa bête pour les remmener sur la montagne. Je réponds de votre vie et de la mienne.

Mais Arago ne l'écoute pas ; il est déjà dans la boutique d'un armurier.

Au bout de quelques minutes, il revient avec deux pistolets à sa ceinture, et donne à M. Biot un tromblon chargé jusqu'à la gueule.

— Enfin, soit, dit le muletier, vous avez de l'argent à perdre. Ma mule vous défendra mieux que vos armes.

On part. L'ombre commence à descendre. A une portée de fusil de la ville, en face d'un vieux couvent dont les moines sont déjà plongés dans le sommeil, deux robustes gaillards débouchent tout à coup de l'angle d'un mur.

Ils s'élancent et se cramponnent aux naseaux de la mule.

Reconnaissant dans l'un de ces deux individus le promis de la jeune hôtesse, François arme ses pistolets ; M. Biot couche les agresseurs en joue.

— Non ! non ! c'est inutile, ne tuez personne ! dit le muletier.

Puis, faisant claquer son fouet, il crie d'une voix de tonnerre :

— *Capitana !*

Aussitôt la mule se dresse sur le jarret, force par ce mouvement brusque Pedro et son compagnon à lâcher prise, les jette sous les roues de la carriole et prend un galop furieux.

Nos astronomes ne surent jamais pourquoi le seul mot de *Capitana* avait décidé l'intelligente bête à se conduire aussi vaillamment et à broyer deux hommes.

Le muletier garda son secret.

Rendu à l'observatoire de Palamos et se trouvant fort heureux d'avoir échappé au péril, François va se mettre au lit, lorsqu'il entend frapper à sa porte. Il se hâte d'ouvrir, croyant avoir affaire à quelque malheureux garde de la douane, égaré par cette nuit sombre.

Mais les aventures doivent dorénavant se succéder pour lui sans interruption.

La porte ouverte livre passage à une espèce de géant, carré des épaules et dont l'encolure puissante, le costume singulier, la mine rébarbative sont d'autant moins capables de rassurer François. que ce nocturne visiteur a sur l'épaule une escopette, et que ses flancs sont garnis de dagues et de poignards.

Il demande à se coucher par terre au pied du lit d'Arago, qui n'ose répondre par un refus.

Toute la nuit notre astronome reste l'œil ouvert, écoutant ronfler l'hercule et persuadé que cet hôte dangereux feint le sommeil, pour l'inviter lui-même à dormir et lui couper la gorge plus à l'aise.

Or, il se trompe.

Le géant ne se réveille qu'au grand jour, précisément à l'heure où l'alcade de Cullera[1], suivi d'une troupe d'alguazils, approchait de la cabane d'Arago pour visiter quelques gorges suspectes de la montagne.

[1] Ville du royaume de Valence.

— Merci de votre hospitalité, dit le colosse. Voici là-bas des personnages avec lesquels je suis en froid. Je ne tiens ni à les saluer ni à causer avec eux.

Notre homme ouvre la fenêtre, s'élance, et disparaît dans la montagne, après avoir sauté de roc en roc et franchi les précipices avec la légèreté d'un chamois.

— Vous avez reçu chez vous le chef des bandits de tout le royaume de Valence, dit l'alcade au jeune savant.

— Tiens, mais c'est un fort honnête homme ! il ne m'a fait aucun mal, se dit François.

Une idée lui traverse l'esprit.

Vers la fin de la semaine, le chef de voleurs lui rend une seconde visite et le prie de nouveau de le laisser coucher dans sa cabane.

— Oui, dit l'astronome, avec le plus grand plaisir! mais je sais qui vous êtes, et, comme il m'arrivera souvent de voyager la nuit, dans l'intérêt de mes observations, ne pourriez-vous me donner un passe-port qui me garantisse des attaques de votre bande?

— C'est déjà fait, répond son hôte. Mes hommes ont votre signalement. Vous pouvez voyager sans crainte à toute heure.

Sur cette assurance formelle, Arago commence tranquillement ses excursions.

Chaque nuit, il rencontre çà et là des *bandidos* en embuscade, qui arrêtent sa mule et veulent examiner le contenu de sa valise.

Il raconte lui-même quelques anecdotes de ce genre assez originales.

Un soir, quatre brigands l'abordent et s'écrient :

« —Halte-là, *señor!* Les temps sont durs; il faut que ceux qui possèdent viennent au secours de ceux qui n'ont rien. Donnez-nous les clefs de vos malles, nous ne prendrons que votre superflu.

« — Mille pardons! mais on m'a dit que je pouvais voyager sans risque.

« — Comment vous appelez-vous, *señor?*

« — Don Francisco Arago.

« — C'est différent. Que Dieu vous accompagne! »

Et les bandits de le saluer avec politesse, après s'être confondus en excuses.

Vers la fin d'avril 1807, la partie la

plus urgente des travaux étant terminée, M. Biot regagna Paris, et François alla rejoindre à l'île de Majorque son deuxième collègue, afin de continuer avec lui le reste des études ordonnées par leur mission.

La guerre éclata tout à coup, à cette époque, entre l'Espagne et la France.

Ni François ni M. Rodriguez ne s'inquiétèrent de cet incident; mais, par malheur, la population majorquaine se figura que les signaux nocturnes, échangés entre les astronomes, avaient pour but de diriger la marche de quelque flotte française, en train de tenter une descente aux Baléares.

On veut s'emparer de François. Il se sauve déguisé en muletier.

Chemin faisant, il rencontre les insulaires qui le cherchent pour le mettre à mort, leur donne une fausse indication, les jette sur une route opposée à celle qu'il doit suivre, et va se réfugier à Palma sur un vaisseau espagnol.

Mais on apprend l'asile dont il a fait choix. La populace, exaltée jusqu'à la rage, somme le capitaine du navire de lui livrer sa victime.

Celui-ci veut faire cacher l'astronome dans une caisse vide.

Une légère difficulté se présente : les jambes de François sortent tout entières, et l'on ne peut réussir à fermer le couvercle.

— Qu'on me donne des juges, dit-il je me rends prisonnier!

Des soldats le conduisent à la citadelle de Belver, et tous leurs efforts parviennent à peine à le sauver du massacre.

Une fois en sûreté entre quatre murs, Arago raconte ses malheurs au capitaine de la forteresse, qui lui dit :

— Vous êtes perdu, si vous n'arrivez pas à quitter l'Espagne. Les portes du château sont assiégées par le peuple et par une horde de moines fanatiques. Ces derniers surtout sont capables de séduire mes soldats. Ils leur offrent de l'or pour les décider à jeter du poison dans vos aliments.

On apporte, le soir même, à François une gazette qui rend compte de son supplice, en le prévenant que c'est un habile mensonge inventé par les autorités du lieu pour calmer l'effervescence populaire.

Mais il pense, non sans quelque raison, que, dans un pays semblable, le mensonge de la veille peut devenir la vérité du lendemain.

Son collègue Rodriguez lui vient en aide et réussit à organiser sa fuite.

Le capitaine de la forteresse ferme les yeux. Notre astronome s'embarque avec ses instruments de mathématiques sur un bateau pêcheur, misérable coquille, cent fois menacée de disparaître sous les vagues, et que la Providence conduit enfin au port d'Alger.

Par la protection du consul français, Arago prend place au nombre des passagers d'une frégate que le dey expédie à Marseille.

Le trajet s'accomplit heureusement.

Déjà l'on aperçoit les côtes de France, quand tout à coup un corsaire espagnol capture le navire algérien et l'emmène au port de Rosas avec son équipage et sa cargaison.

Notez que, sous peine d'écrire cinq ou six volumes, nous devons ici glisser sur une foule d'épisodes.

Tout à l'heure nous parlions des infortunes d'Ulysse. A côté du destin de François Arago, celui du père de Télémaque était couleur d'azur.

Parmi les matelots chargés de le conduire au rivage, l'astronome reconnaît son ancien domestique de Majorque.

Il n'a que le temps de s'envelopper la tête d'un manteau et de se coucher au fond de la chaloupe; il arrive ainsi à se soustraire aux regards de cet homme qui, d'un mot, peut le rendre aux moines de Palma et à la multitude furieuse qui réclame son supplice.

Doué d'une énergie presque surnaturelle, François ne se laisse point abattre par tous ces revers.

Ayant, un soir, trompé la vigilance de ses gardiens, il s'échappe des pontons, où les magistrats espagnols le retiennent en quarantaine; mais entendant les cris douloureux que poussent les passagers de la frégate, dont cette fuite aggrave la position, il rentre dans sa cabine et renonce à son propre salut pour ne pas compromettre celui des autres.

Ce trait, relaté en quelques lignes, dans l'autobiographie de l'astronome, déjà citée plusieurs fois, est tout simplement de l'héroïsme.

Arago avait trouvé moyen d'instruire le dey d'Alger du sort de son navire, que la junte espagnole se montrait d'humeur à déclarer de bonne prise.

Or, le dey s'inquiétait médiocrement de la frégate et de son équipage.

Mais en revanche, il s'indigna fort contre la junte assez audacieuse pour confisquer des animaux curieux qu'il envoyait à l'empereur des Français.

Il menaça l'Espagne de lui déclarer la guerre, si elle ne rendait pas à l'instant bêtes, navire, matelots et passagers.

Arago dut sa délivrance à deux lions et à trois grands singes, dont le potentat moresque voulait faire hommage au Jardin des plantes.

Le 28 novembre 1808, la frégate quitte le port de Rosas et fait voile pour Marseille.

Mais, hélas! les infortunes de notre héros ne sont point à leur terme! Un coup de mistral violent accueille le navire à l'entrée de la rade et le repousse au large. Arago s'est endormi d'un sommeil paisible, espérant à son réveil saluer la France; il ouvre les yeux et se trouve en pleine mer.

Pendant trois jours le capitaine, après

une lutte affreuse avec les vents, débarque.... Où croyez-vous qu'il débarque, au port de Marseille? Non pas.

Il aborde sur la côte d'Afrique, à Bougie, environ à cent soixante-dix-sept kilomètres d'Alger.

La saison devenait détestable, et le bâtiment, d'ailleurs, avait besoin de trois mois et plus pour réparer ses avaries. Notre astronome, en société d'un aide de camp français, qui s'était embarqué avec lui à Rosas, veut gagner Alger, pour y prendre un navire capable de tenir la mer.

On les prévient que tout le littoral est au pouvoir de tribus hostiles.

— Qu'importe? dit Arago; nous tournerons par l'Atlas.

Tout le monde déclare l'entreprise insensée. François et son compagnon persistent. Ils prennent avec eux sept ou huit matelots presque sans armes, et se lancent dans ce trajet téméraire, où, le jour, ils sont poursuivis par les Arabes maraudeurs, la nuit par les bêtes fauves, où ils n'échappent à un péril que pour tomber dans un autre, où la mort les menace constamment et de toutes les façons, mais qu'ils arrivent enfin à accomplir, grâce à leur calme inébranlable et à leur intrépidité surhumaine.

Personne ne voulut croire à cette miraculeuse excursion.

L'astronome et son ami l'aide de camp n'avaient pas eu la patience de rester trois mois à Bougie, ils durent attendre six mois à Alger dans la maison du consul français; car, à cette époque, l'Afrique craignait une guerre avec Napoléon.

Ce fut seulement à la fin de juin 1809 qu'il fut permis à Arago d'essayer une troisième fois la traversée d'Alger à Marseille.

Il part; on arrive, et, juste à l'entrée de la rade, se trouve une frégate anglaise.

Elle s'oppose au passage du navire qui ramène l'astronome et lui enjoint d'aller stationner aux îles d'Hyères.

— Voulez-vous, dit François au capitaine de son bord, me confier seulement le porte-voix pour vingt minutes?

On le laisse diriger la manœuvre.

Il a l'air d'obéir aux Anglais, gagne le dessus du vent sur la frégate, vire à la côte, et se précipite à pleines voiles dans le port de Marseille, avant que les marins britanniques fussent revenus de leur stupeur.

François embrassa la terre natale avec allégresse.

A Perpignan, où il se rendit sans retard, il consola sa famille, qui ne le croyait plus de ce monde et qui faisait prier pour le repos de son âme.

Notre jeune savant, si recommandable déjà par ses travaux, par son énergie et par ses malheurs, fut présenté comme candidat à l'Académie des sciences, où il obtint la presque unanimité des voix.

Il entrait à peine dans sa vingt-quatrième année.

L'empereur autorisa son admission par une dispense d'âge, et le nomma presque aussitôt professeur à l'École polytechnique, puis astronome adjoint au bureau des longitudes.

On se rappelle que jadis, François, appelé par la volonté impériale au secrétariat de l'Observatoire, avait fait ses réserves pour entrer un jour dans l'artillerie.

Mais trois années de fatigues et de traverses sans nombre avaient suffisamment exercé son courage; il ne songeait plus qu'à se reposer dans la science et dans l'étude.

Un beau matin, le comte Mathieu Dumas, compulsant les registres de la guerre, trouve le nom d'Arago en tête de la liste des jeunes Français qui ont échappé aux lois de la conscription.

Sans plus de retard il porte le professeur de l'École polytechnique sur les cadres de l'armée active, et lui envoie sa feuille de route.

— Ah ! par exemple ! dit Arago ; nous allons rire !

Prenant une plume, il écrit au comte Mathieu :

« Général,

« Si vous m'obligez à partir, j'irai me joindre aux conscrits, et je traverserai les rues de la capitale en costume de membre de l'Institut.

« F. ARAGO. »

— Diable ! murmure le comte, en recevant cette lettre, il le ferait comme il le dit !

Sans plus de retard il répond à François :

« Monsieur l'astronome,

« Gardez-vous d'un pareil coup de tête ! Ce serait d'un effet déplorable. Je vous dispense du service.

« Comte MATHIEU DUMAS. »

En ce moment même, Arago terminait avec M. Biot le travail qui avait motivé leur voyage, et les deux savants donnaient au monde la mesure de l'arc du méridien.

François conquit, dès lors, une grande influence par l'admiration qu'il inspirait à ses collègues.

On le nommait à l'Institut le grand électeur.

Il ne s'occupait des candidatures ni par vanité ni par esprit d'intrigue. Son unique but, en dirigeant les voix, était toujours d'écarter la médiocrité pour ouvrir les portes de l'Académie des sciences au vrai mérite.

A la fin de 1812, il commença son cours d'astronomie à l'Observatoire, et le continua sans interruption jusqu'en 1845.

La foule de ses auditeurs était innombrable.

Plus d'une fois la jeunesse ardente du quartier latin se battit aux portes de la salle avec les désœuvrés et les curieux, qui voulaient écouter l'illustre professeur, au risque de ne pas le comprendre, et sans réfléchir qu'ils accaparaient la place des véritables étudiants.

François Arago faisait ses cours comme personne, depuis, n'a su les faire.

Sa parole nette, éloquente, limpide, charmait ses auditeurs et les intéressait, même dans les questions les plus sèches et les plus abstraites. Nous n'oserions pas dire que souvent il excita l'enthousiasme, si quatre ou cinq générations d'étudiants n'étaient pas là pour nous appuyer de leur témoignage.

En 1843, ses admirateurs du quartier latin lui firent frapper une médaille.

Voici par quel procédé judicieux François arrivait à être compris de tout son auditoire et à éclairer d'un autre *Fiat lux* les ténèbres de la science.

Une fois assis dans sa chaire, il examinait les personnes présentes, et, quand il avait aperçu quelque part un œil bien stupide, une véritable tête de crétin, c'était sur cet œil terne qu'il fixait son regard ; c'était sur ce cerveau déprimé, sur ce crâne durci qu'il frappait avec le marteau du raisonnement pour en faire jaillir un éclair.

Lorsque le front du crétin s'était illuminé, le professeur se disait :

— Bravo ! tout le monde m'a compris.

A chaque leçon même manœuvre. François appelait cela chercher son thermomètre.

Un individu sonne un jour à sa porte, et demande avec insistance à parler à M. Arago.

Le savant donne ordre de l'introduire.

Il se trouve en face d'un brave bourgeois de la rue Saint-Denis, qui s'épanche en remercîments, et dont la paupière se mouille de larmes de reconnaissance.

— Hier, monsieur Arago, dit-il, vous sembliez faire votre cours pour moi seul.

Notre astronome le félicite de sa démarche et lui serre la main, non sans réprimer avec beaucoup de peine une envie de rire.

— C'est un de mes thermomètres! dit-il à quelques amis présents, lorsque le bonhomme fut dehors.

Après les cent jours, on annonça que l'empereur, ce géant tombé, devait partir pour les États-Unis d'Amérique, afin d'y consacrer à des travaux de science et d'histoire son génie toujours vivace, et dont la guerre ne voulait plus.

Napoléon décida qu'il emmènerait avec lui François Arago.

Mais les Anglais intervinrent. Sainte-Hélène empêcha cette puissante association, qui eût nécessairement enfanté des prodiges.

Le czar Alexandre offrit au savant de l'emmener à Saint-Pétersbourg.

— Vous aurez, lui dit-il, la direction générale des sciences dans toutes les Russies, avec cent mille roubles d'honoraires.

— Ne pouvant suivre Napoléon le Grand, répondit l'astronome, je reste en France. Permettez-moi, sire, de ne pas priver mon pays de mes travaux, puisque la Restauration m'y laisse un coin pour y poser le pied d'un télescope.

M. de Humboldt, l'illustre linguiste prussien, chambellan et ministre d'État, connaissait beaucoup François.

Depuis environ sept ou huit ans, ils entretenaient ensemble une correspondance scientifique.

Ayant suivi le roi de Prusse son maître à Paris, en 1815, M. de Humboldt prévint Arago que Frédéric-Guillaume avait le plus vif désir de causer avec lui, et qu'il se proposait de lui rendre une visite à l'Observatoire.

—Jamais ! cria l'astronome, c'est déjà trop d'avoir eu celle d'Alexandre ! Vos souverains étrangers semblent prendre à tâche de me compromettre. Qu'ils me laissent en repos !

La réponse était nette, et même un peu brutale.

M. de Humboldt n'insista plus.

Seulement, le jour de son départ, il vint faire ses adieux à François, accompagné d'un personnage vêtu d'une façon très-simple, et qui avait l'air d'un bourgeois prêt à monter en diligence.

Arago présenta des siéges à ces messieurs; puis il causa près d'une heure avec le chambellan, sans adresser une seule fois la parole au compagnon qu'il avait amené.

Celui-ci fut très-embarrassé de sa contenance.

Lorsque les visiteurs furent partis, Arago se frotta les mains en s'écriant :

— Frédéric-Guillaume! Frédéric-Guillaume! tu te souviendras du républicain de l'Observatoire!

Il avait parfaitement reconnu le roi de Prusse.

On comprend que nous ne pouvons ni analyser ni décrire les travaux sans nombre exécutés par François pendant le cours de sa carrière.

Ce puissant athlète combattit corps à corps avec la science, de 1809 à 1848, pour lui arracher tous ses secrets; il opéra des merveilles qui étonnèrent le monde, et qui, si nous pouvons nous exprimer de la sorte, le firent changer de face [1].

[1] Les trois grandes découvertes, auxquelles Arago doit l'immortalité de son nom, sont la polarisation colorée, l'aimantation du fer et de l'acier par l'électricité, et le magnétisme par rotation. La première de ces découvertes a donné le *polariscope*, instrument qui permet d'étudier la constitution de l'atmosphère terrestre et celle du soleil; la seconde fut l'origine de la télégraphie électrique, et l'on doit à la troisième, entre autres applications, la machine électrique, dont les médecins aujourd'hui font usage. Ce fut Arago qui entreprit avec Dulong de déterminer les nombres les plus utiles pour régler l'emploi des machines à vapeur. Ses travaux ont sur l'art agricole une influence précieuse; ils apprennent aux cultivateurs à se servir utilement de la météorologie. Arago prouve, dit M. Barral, que la lune n'exerce aucune action sur la végétation, que la rosée condense sur les végétaux les principes contenus dans l'atmosphère, qu'il est *impossible de prédire le temps*, et que tous les Mathieu Laensberg du globe sont des imposteurs. François ne s'est pas contenté d'être un grand savant, il a tenu surtout à être un savant utile.

Jamais il n'écrivit un livre; le temps, pour cela, lui manquait toujours.

Il consignait ses découvertes et leurs applications dans l'*Annuaire du bureau des longitudes,* ou bien il se contentait de les signaler à l'Académie par une simple communication verbale.

Avant tout il songeait à promulguer la science.

Élu secrétaire perpétuel en 1830, il imprima l'activité la plus prodigieuse à l'Institut.

« Jamais, dit M. Flourens, l'action de l'Académie n'avait paru aussi puissante et ne s'étendit plus loin. Les sciences jetèrent un éclat inaccoutumé et répandirent avec plus d'abondance leurs bienfaisantes lumières sur toutes les forces productrices de notre pays,

« A une pénétration sans égale, se joignait, dans M. Arago, un talent d'analyse extraordinaire. L'exposition des travaux des autres semblait être un jeu pour son esprit. Sa pensée rapide et facile, le tour spirituel et piquant de ses phrases captivaient ses confrères, qui, toujours étonnés de tant de facultés heureuses, l'écoutaient avec un plaisir mêlé d'admiration. »

Mais, dans ce poste de secrétaire perpétuel, si François déployait sa verve et son éloquence, on doit dire qu'il lâchait en même temps les ressorts de sa nature fougueuse.

Il ne supportait pas la contradiction.

S'élevant au plus haut de la sphère scientifique et embrassant tout par un coup d'œil d'aigle, il s'indignait des entraves qu'apportaient à la discussion quelques timidités ignorantes.

Son œil noir, ombragé par deux sourcils puissants, couvrait ses antagonistes de regards terribles; sa voix éclatait comme un tonnerre, et les argumentations victorieuses tombaient de ses lèvres avec une pluie de sarcasmes et de phrases écrasantes.

Bien souvent, à la fin d'un de ces orages, on compta huit ou dix malheureux académiciens foudroyés par ce Jupiter tonnant de l'Observatoire.

On ne se relevait jamais d'une attaque de François Aragò.

La bataille finie, très-peu de ses adversaires lui gardaient rancune. Ses victimes elles-mêmes le félicitaient presque toujours de son triomphe, et lui pardonnaient ses coups de massue.

Comme beaucoup de grands hommes, notre savant n'aimait pas à se montrer en robe de chambre.

Il déposait difficilement sa dignité magistrale, même avec ses connaissances les plus intimes, et craignait le ridicule plus que toute autre chose au monde.

Un soir, à Louvain, se trouvant dans une auberge avec M. Quetelet, son ami, directeur de l'Observatoire de Bruxelles, il parut très-vivement affecté lorsqu'on vint lui dire qu'il n'y avait à leur disposition qu'une chambre à deux lits.

L'heure de se coucher sonne ; on monte dans cette chambre.

Mais, au lieu de se déshabiller, l'astronome parisien se promène de long en large, en se livrant à des gestes d'impatience. Le savant belge, étonné, le regarde et n'ose vaquer à sa toilette de nuit.

Tout à coup Arago semble prendre une résolution extrême, et dit à son compagnon de chambre :

— Je dois vous avouer, mon cher, qu'il m'est impossible de dormir, si je n'ai pas sur la tête...

— Quoi donc ?

— Un bonnet de coton !

— Ma foi, c'est aussi mon habitude, répond M. Quetelet. Beaucoup de personnes ne se coiffent pas d'autre façon pour entrer dans leurs draps.

— Vous croyez? dit François, poussant un soupir de soulagement. Mais ce n'est pas tout; dès que je m'endors...

— Eh bien?

— Je ronfle!

— Bah! c'est comme moi. Je fais plus de vacarme qu'un tuyau d'orgue.

— Alors, dit Arago, c'est différent. Couchons-nous.

L'organisation merveilleuse de l'Observatoire de Paris est due tout entière à l'habile directeur, qui, durant l'espace de quarante années, y apportait chaque jour de nouveaux soins et une nouvelle perfection de détails. Bien des savants, envoyés par les souverains de l'Europe, essayèrent de surprendre les secrets de ce génie organisateur, mais sans pouvoir y parvenir.

Arago, perpétuellement sur ses gardes, déjouait l'espionnage.

Il voulait que l'Observatoire de Paris fût le premier du monde, et nous approuvons ce noble orgueil.

La révolution de 1830 jeta François dans l'arène politique.

Sa femme, qu'il adorait, s'était posée jusqu'alors en obstacle, afin d'arrêter chez lui les entraînements du républicanisme. Elle mourut à la fin de 1829, et le démon révolutionnaire s'empara de l'illustre astronome, que son ange gardien ne pouvait plus défendre.

Il alla s'asseoir au palais Bourbon,

tout à l'extrême gauche, entre Laffitte et Dupont(de l'Eure.)

On l'écoutait à la chambre comme un oracle, et ce fut lui qui prononça le premier, vers 1832, ce mot de *réforme*, qui devait avoir pour le trône de Louis-Philippe des conséquences si terribles.

Certes, on doit le dire, le caractère honorable de François Arago commandait à tous le respect et l'estime [1].

[1] A la chambre, ses vastes connaissances jetaient la lumière sur toutes les questions. Il ne manquait jamais de prendre la parole, quand il s'agissait de marine, de canaux ou de chemins de fer. On décerna, sur sa demande, des récompenses nationales à Vicat, l'inventeur des ciments hydrauliques, et à Daguerre, l'inventeur de la photographie. Il fit voter l'acquisition par l'État du cabinet Dusommerard, aujourd'hui musée de Cluny. Ses rapports sur la navigation de la Seine, sur l'établissement des lignes de vapeur et sur les fortifications de Paris sont des chefs-d'œuvre de logique et

Il est à regretter que les partis violents enrôlent de tels hommes sous leur bannière.

Malgré les instances de l'Académie française, il fut impossible, en 1836, de décider l'astronome à accepter une can-

---

de science. François avait à la tribune de véritables qualités d'orateur. Nous nous souvenons d'avoir admiré plus d'une fois sa noble prestance et sa belle tête expressive. Il parlait avec une ardeur toute méridionale et lançait fort bien le sarcasme. En 1844, Cormenin disait de lui : « Lorsque Arago monte à l'estrade, la chambre, attentive et curieuse, s'accoude et fait silence. Les spectateurs des tribunes se penchent pour le voir. A peine est-il entré en matière qu'il attire et qu'il concentre sur lui tous les regards. Le voilà qui prend, pour ainsi dire, la science entre ses mains ! Il la dépouille de ses aspérités, de ses formules techniques, et il la rend si perceptible que les plus ignorants sont aussi étonnés que charmés de le comprendre. Des jets de clarté semblent sortir de ses yeux, de sa bouche et de ses doigts. » (*Livre des Orateurs*, page 437.)

didature. Le cumul des places lui semblait une chose odieuse. En dehors de ses deux modestes traitements de secrétaire perpétuel et de membre du bureau des longitudes, qui lui donnaient à peine de quoi vivre, il n'accepta jamais que des fonctions non rétribuées. Il ne recevait pas un centime ni comme directeur de l'Observatoire, ni comme membre du conseil supérieur de l'École polytechnique.

Ses honoraires s'élevaient, année commune, à onze mille francs au plus, et sa famille presque tout entière était à sa charge.

Il est impossible d'écrire la biographie de François Arago sans parler de son frère Étienne et de son frère Jacques [1], deux types de la plus incontestable originalité.

D'abord préparateur de chimie à l'École polytechnique, Étienne laissa les cornues et les fioles pour se jeter dans la littérature. Il distilla le mélodrame, le vaudeville, la comédie, mais sans pouvoir en extraire la célébrité.

Croyant mieux réussir en politique, il rédige des tartines pour les feuilles de l'opposition, fait courir le bruit qu'il s'est battu comme un héros en 1830, et ob-

---

[1] L'astronome avait cinq frères. Trois se sont montrés comme lui sages et dignes. L'un est officier supérieur dans l'artillerie; un autre est mort général au service du Mexique; le troisième vit dans la retraite.

tient, pour prix de ses exploits, la direction du Vaudeville.

Mais entre ses mains le théâtre périclite.

Il accuse aussitôt le pouvoir de la médiocrité des recettes, se joint aux révoltés d'avril, et n'est pas mis en état d'arrestation par égard pour son illustre frère.

Toutefois, se croyant poursuivi, le directeur du Vaudeville passe à l'étranger.

Ce n'est qu'au bout de six semaines qu'il ose revenir en France. Encore se montre-t-il fort peu dans les rues et a-t-il soin de ne pas dormir deux nuits de suite dans la même chambre. Il ne sort qu'enveloppé d'un long manteau, rabattant sur sa figure un feutre à bords très-amples, ne se laissant aborder par personne, faisant signe à ses amis de ne pas le reconnaître, et se donnant, en un mot, tous les airs d'un conspirateur malheureux.

Le préfet de police, impatienté de le voir ainsi se poser en victime, lui écrit un beau matin :

« Monsieur,

« Ne prenez pas la peine de vous entourer de mystère. On n'a jamais eu l'intention de vous arrêter, on ne vous arrêtera pas. »

C'était humiliant !

Furieux de voir qu'on accorde à son inimitié politique une si médiocre importance, Étienne jure de prouver à la police qu'elle se trompe, et concourt aussitôt d'une manière active à l'évasion de ses complices de juin, détenus à Sainte-Pélagie.

Mais, à sa grande surprise, on ne daigna pas encore le charger de fers.

Seulement on lui enleva la direction du Vaudeville, que le mauvais état de la caisse allait le contraindre à quitter au premier jour. Il fut enchanté de l'aventure et cria sur les toits que le gouvernement seul était cause de sa faillite.

Étienne reprit la plume, en attendant les révolutions à venir.

Il travailla dans le *National* et dans la *Réforme* jusqu'au jour où février lui permit de s'emparer de la poste aux lettres et de s'y maintenir par la force des baïonnettes.

Ses chers amis du gouvernement provisoire sanctionnèrent cette usurpation.

Quelqu'un disait plaisamment d'Étienne, qu'il avait administré le Vaudeville en directeur des postes, et les postes en directeur du Vaudeville.

— Ah! s'écriait parfois le grand astronome, je donnerais volontiers Étienne pour être débarrassé de Jacques!

Ces deux originaux lui jouaient des tours pendables. Quand l'un avait fini de se compromettre en politique, l'autre se livrait en littérature à toutes sortes de bouffonneries.

On a surnommé Jacques l'Homère du calembour.

Partout, sans repos ni trêve, sans respect pour les autres et sans respect pour lui-même, à la maison, dans la rue, dans les cercles, dans les foyers de théâtre, ce bizarre écrivain se livrait au jeu de mots et vous lançait comme un pavé le coq-à-l'âne à la tête.

Jacques est l'inventeur du procédé fameux qui permet de se chauffer, pendant l'hiver le plus rude, avec une simple statuette.

— Prenez, disait-il, un premier consul en plâtre, cassez-lui un bras, et vous aurez un bon appartement chaud (un Bonaparte manchot).

Sans cesse il ruminait quelque absurdité de ce genre.

Il arrêta un jour cinq ou six collégiens qui se promenaient au bord de la Seine ; puis, leur montrant une sinuosité du fleuve, il cria :

— Méphistophélès ! (mes fils, c't'eau fait l'S).

Justement, c'était dans le voisinage de Charenton. Les collégiens le prirent pour un échappé de la maison de fous.

Un soir, en plein Théâtre-Français, Jacques, assis à l'orchestre auprès d'un de ses amis, se lève tout à coup et se prépare à sortir.

— Mais, lui dit son compagnon, la pièce est intéressante ; je désire voir la fin de l'acte.

— Chicot ! répond notre abominable fabricant de calembours.

— Comment, Chicot? balbutie l'autre. Que veux-tu dire?

— Eh bien, oui, parbleu, Chicot! Reste dedans! (reste de dent).

Le Code pénal n'a pas prévu ce genre de crime et le laisse impuni.

François Arago vit, un matin, ce frère dangereux pénétrer dans son cabinet de travail, à l'Observatoire. Il eut un tressaillement d'effroi.

— Bon! dit Jacques, tu t'imagines que je viens chercher de l'argent? Pas du tout. Je veux seulement ton avis sur une spéculation qui doit remplir ma bourse et ménager la tienne. Il s'agit de recueillir tous mes jeux de mots, tous mes calembours, et d'en composer un volume énorme que j'intitulerai : *Arago-*

tiana. Tu comprends? Avec notre nom, ce volume s'enlèvera chez les libraires.

— Avec notre nom! Que signifie?....

— Dame, on croira que le livre est de toi. Juge un peu! C'est une fortune.

L'astronome courut à son secrétaire.

— J'ai là cinq cents francs, dit-il: partageons!

Cette menace de l'*Aragotiana* fut renouvelée trente ou quarante fois, et toujours avec un nouveau succès.

Nos lecteurs savent que, pendant les dernières années de sa vie, Jacques eut le désagrément de devenir aveugle. Il n'en perdit pas un calembour.

On a prétendu (nous ne le croyons pas) qu'il s'était arrangé avec un oculiste célèbre, moyennant une rente annuelle, pour feindre la cécité pendant dix ans, et recouvrer ensuite la vue par une cure miraculeuse.

Tous les soirs, il se faisait mener dans les coulisses par quelque gentille Antigone, ou par un lion complaisant, qui profitait de la circonstance pour entrer en pourparler avec ces dames.

Se querellant, un soir, avec un acteur des Variétés, Jacques lui cria :

— Où êtes-vous? Approchez, que je vous donne un soufflet !

Preuve qu'il était aveugle.

Un spirituel journaliste, M. Adolphe de Balathier, prétend qu'il l'est devenu, à force de faire semblant de l'être.

En tout cas, aveugle ou non, Jacques

vient de terminer au Brésil sa carrière extravagante, à moins cependant qu'il n'ait fait lui-même courir le bruit de sa mort pour exécuter quelque nouveau tour. La suite nous l'apprendra.

François Arago laisse deux fils, Emmanuel et Alfred, l'un avocat, l'autre peintre.

Alfred s'abrite sous le renom paternel comme le roseau sous le chêne; il ne s'occupe en aucune sorte de politique et fait son chemin.

Quant à l'avocat, c'est autre chose.

Il a du sang d'Étienne dans les veines, et rarement on a vu pareil hanneton révolutionnaire. C'est lui qui, dans un excès de zèle, se fit huer à Lyon, pour y avoir doublé l'impôt des 45 centimes. Nommé représentant du peuple à la Constituante et à la Législative, il se percha tout au sommet de la montagne, et y poussa des clameurs à scandaliser les plus écarlates.

Au Palais de Justice, Emmanuel a reçu le sobriquet de *Maximum*.

On affirme que ses clients, par le fait même de ses plaidoiries, sont presque toujours sûrs d'être condamnés aux plus fortes amendes et à autant d'années de prison que peut en infliger le Code.

Mais la gloire du grand Arago n'a jamais été obscurcie par ces ombres.

Travailleur infatigable, esprit honnête, cœur plein de désintéressement, il consacra sa longue carrière au pays et ne lui demanda jamais la fortune. Toutes les sciences, l'astronomie, les mathématiques, la chimie, la physique, la philosophie, l'histoire naturelle, la mécanique, réunies dans cette tête féconde, y éclataient en un vaste rayonnement qui éclaira l'univers entier.

L'argent, ce dieu du siècle, Arago le méprisait [1] ; les honneurs, il n'y tenait pas. Jamais on ne vit à sa boutonnière les décorations nombreuses que lui envoyaient les empereurs et les rois.

---

[1] De son vivant, il ne songea même pas à exploiter ses œuvres, qui consistent surtout dans les mémoires et les notices publiés depuis quarante-cinq ans par l'*Annuaire du bureau des longitudes*. Ses fils les ont vendues cent mille francs après sa mort à MM. Gide et Baudry.

Un jour, M. Leveyrier, ce Christophe Colomb des comètes, voulant aller dîner chez un ministre, désirait y paraître avec un ordre dont il avait reçu le brevet, mais dont il lui manquait les insignes.

— Ouvrez cette armoire, dit Arago, et prenez ce qui vous est nécessaire.

Dans l'armoire se trouvaient toutes les croix et tous les cordons du globe.

Il n'y eut pas en Europe une seule académie qui ne sollicitât l'honneur d'admettre l'illustre savant au nombre de ses associés ou de ses membres. François entretenait avec chacune d'elles une correspondance active.

En 1848, douze lustres pesaient sur sa

tête, et il ne montrait ni découragement ni fatigue. La révolution de février le trouva debout sur la brèche, ferme, inébranlable, opposant une digue au flot de la démagogie qui menaçait de tout envahir.

Le 24 au soir, nous l'avons entendu répondre énergiquement au peuple assemblé devant l'Hôtel de ville :

— « Non, citoyens, non! Deux mille individus présents sur cette place ne peuvent être l'expression de la volonté nationale. Malgré mon désir, malgré le vôtre, je ne proclamerai pas la république! »

Et, le jour où quelques-uns de ses collègues du gouvernement provisoire parlèrent d'arborer le drapeau rouge, il s'écria :

— « Soit! je vais faire battre le rappel. Assemblez vos adhérents, nous déciderons la question à coups de fusil ! »

A l'Hôtel de ville, ce lieu de festins perpétuels et de scandaleuses bombances, on ne vit jamais François Arago parmi les convives. Sa domestique lui apportait un dîner modeste ; il mangeait seul dans son cabinet.

Tour à tour ministre de la marine et ministre de la guerre, il refusa de toucher ses appointements.

Les fatales journées de juin vinrent ensanglanter Paris.

Ce noble cœur fut saisi d'un découragement profond. Tous les résultats de la république trompaient son attente, et les secousses l'avaient brisé.

Dès lors il ressentit les premières atteintes de la maladie qui devait le conduire au tombeau.

Ni l'air natal, ni les soins affectueux de sa famille ne purent le sauver. L'épuisement des forces atteignait ses dernières limites. Il languit plusieurs années encore, et mourut le 2 octobre 1853.

Quarante mille individus, académiciens, diplomates, artistes, bourgeois, ouvriers, soldats l'accompagnèrent à sa dernière demeure. Jamais regrets plus universels n'éclatèrent autour d'une tombe; jamais hommage funèbre ne fut rendu au cercueil d'un mort avec plus de solennité, et disons-le, avec plus de patriotisme.

François Arago est un homme de Plutarque.

FIN.

www.ingramcontent.com/pod-product-compliance
Lightning Source LLC
LaVergne TN
LVHW050634090426
835512LV00007B/846